U0350897

红袋鼠物理千千问

前进的力量：
空气动力学 ④

[加拿大] 克里斯·费里 著/绘 刘志清 译

中国少年儿童新闻出版总社
中国少年儿童出版社
北京

作者简介 ···

　　克里斯·费里，80后，加拿大人。毕业于加拿大名校滑铁卢大学，取得数学物理学博士学位，研究方向为量子物理专业。读书期间，克里斯就在滑铁卢大学纳米技术研究所工作，毕业后先后在美国新墨西哥大学、澳大利亚悉尼大学和悉尼科技大学任教。至今，克里斯已经发表多篇有影响力的权威学术论文，多次代表所在学校参加国际学术会议并发表演讲，是当前越来越受人关注的量子物理学领域冉冉升起的学术新星。

　　同时，克里斯还是4个孩子的父亲，也是一名非常成功的少儿科普作家。2015年12月，一张Facebook（脸书）上的照片将克里斯·费里推向全球公众的视野。照片上，Facebook（脸书）创始人扎克伯格和妻子一起给刚出生没多久的女儿阅读克里斯·费里的一本物理绘本。这张照片共收获了全球上百万的赞，几万条留言和几万次的分享。这让克里斯·费里的书以及他自己都受到了前所未有的关注。

　　扎克伯格给女儿阅读的物理书，只是作者克里斯·费里的试水之作。2018年，克里斯·费里开始专门为中国小朋友做物理科普。他与中国少年儿童新闻出版总社全面合作，为中国小朋友创作一套学习物理知识的绘本——"红袋鼠物理千千问"系列。

红袋鼠说："克里斯博士，火箭没有翅膀呀，我还以为要有翅膀才能飞行呢。"

克里斯博士说："不管是飞机还是火箭，飞行都需要推力，但产生推力的方式不一样。"

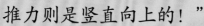克里斯博士接着说："推力是能推着你向前走的力。对飞机来说，正常飞行时推力是水平方向的；但对火箭来说，推力则是竖直向上的！"

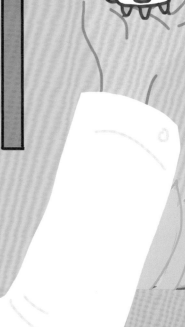

红袋鼠问："飞机和火箭都可以产生推力，那小鸟飞行时候的推力是从哪里来的呢？"

克里斯博士说："你仔细观察它们的翅膀。小鸟飞行的时候，它们的翅膀与飞机的机翼有什么不同呢？"

红袋鼠说："我看到了！小鸟的翅膀会挥动。"

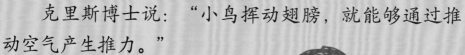

克里斯博士说："小鸟挥动翅膀，就能够通过推动空气产生推力。"

红袋鼠说："推动空气？"

13

克里斯博士问:"还记得牛顿第三定律吗?"

红袋鼠说:"我记得,对于任何一个力,都存在一个与之大小相等、方向相反的力。"

克里斯博士说："所以，当小鸟的翅膀推空气时，空气也在回推——"

16

小鸟推空气　　空气推小鸟

红袋鼠赶紧说："小鸟！"

克里斯博士说："飞机也有翅膀，但飞机不会挥动翅膀，你知道飞机从哪里得到推力吗？"

红袋鼠说："我知道！是发动机！"

红袋鼠问："发动机是不是也像小鸟的翅膀一样推动空气呢？"

21

22

克里斯博士回答："不是的。而且不同的飞机推动空气的方式也不一样。螺旋桨飞机通过螺旋桨的转动来推动空气。"

红袋鼠说："螺旋桨看上去就像我家里的吊扇一样！但是我家里的吊扇被固定在天花板上了，不会移动。"

克里斯博士说："喷气式飞机的发动机通过燃烧燃油，以极快的速度将炽热的空气向后喷射出去，以此来推动空气。"

喷射空气

推力

克里斯博士接着说："我
们回到火箭上来，火箭发动机
推动的不是空气，因为在太空
中没有空气！它推出的是炽热
的其他气体。"

红袋鼠说："牛顿第三定律总是能为产生推力服务！我也能运用牛顿第三定律，但是我只能跳到这么高了！"

29

版权合作方： 澳大利亚米酷传媒

图书在版编目（CIP）数据

空气动力学. 4，前进的力量 ／（加）克里斯·费里
著绘 ； 刘志清译. — 北京 ： 中国少年儿童出版社，
2019.12
　　（红袋鼠物理千千问）
　　ISBN 978-7-5148-5743-6

　　Ⅰ. ①空… Ⅱ. ①克… ②刘… Ⅲ. ①空气动力学－
儿童读物 Ⅳ. ①V211-49

中国版本图书馆CIP数据核字(2019)第228727号

审读专家：高淑梅 江南大学理学院教授，中心实验室主任

HONGDAISHU WULI QIANQIANWEN
QIANJIN DE LILIANG:KONGQIDONGLIXUE 4

出 版 发 行： 中国少年儿童新闻出版总社
中国少年儿童出版社

出 版 人：孙 柱
执行出版人：张晓楠

策　　　划：张 楠　　　　　　审　　读：林 栋 聂 冰
责任编辑：徐懿如 郭晓博　　封面设计：马 欣
美术编辑：马 欣　　　　　　美术助理：杨 璇
责任印务：刘 澂　　　　　　责任校对：颜 轩

社　　　址：北京市朝阳区建国门外大街丙12号　邮政编码：100022
总 编 室：010-57526071　　　　传　　真：010-57526075
客 服 部：010-57526258
网　　　址：www.ccppg.cn　　　电子邮箱：zbs@ccppg.com.cn

印　　　刷：北京博海升彩色印刷有限公司

开本：787mm×1092mm　1/20　　　　印张：2
2019年12月北京第1版　　　　　2019年12月北京第1次印刷
字数：25千字　　　　　　　　　　印数：10000册

ISBN 978-7-5148-5743-6　　　　　　定价：25.00元

图书若有印装问题，请随时向本社印务部（010-57526183）退换。